Denna svenska version skulle inte ha varit möjligt utan för den utmärkta ledning av min svenska språklärare Åsa Hedlund som verkligen arbetat för att inskärpa nyanserna i de bortfaller naturligtvis language.The är alla mina!

CHEMICAL ELEMENTS

Det periodiska systemet

Den nästan oändliga föremål och material runt omkring oss är faktiskt består av endast ett begränsat antal kemiska element . Vi vet i dag att 91 finns naturligt på jorden . De börjar med vätgas som bildades strax efter universum blev till . De övriga 90 har gjorts antingen av kärnreaktioner som sker i kärnan av brinnande stjärnor eller av de katastrofala explosioner som kallas supernovor som ibland produceras när stjärnorna dör . Flera fler element tillverkas på konstgjord väg i laboratorierna .

Varje element beter sig på olika sätt och har olika egenskaper från alla de andra. Ett system för att organisera information om kemiska egenskaper hos grundämnen och kemiska föreningar de bildar är viktigt. Den moderna periodiska systemet bygger främst på det arbete som den ryska kemisten Dmitrij Mendelejev vars bord publicerades 1869 placerade elementen i de horisontella rader efter vikt med en rad under den andra så att alla element med liknande egenskaper föll i vertikala kolumner . Under 20-talet med kunskap om strukturen av atomen , var det korrekta sättet att beställa elementen upptäcktes och den nuvarande periodiska systemet formulerades .

Atomer består av protoner , neutroner och elektroner är grundläggande komponenter i elementen . Engelska fysikern Henry Moseley visade att det som avgör beteendet hos varje element är dess atomnummer, antalet protoner i sin kärna , inte dess atomvikt , som är ett mått på det totala antalet protoner och neutroner i kärnan . Det korrekta sättet att beställa elementen i det periodiska systemet var därför av deras atomnummer . Även om atomerna i ett givet element att ha samma antal protoner de kan ha olika antal neutroner. Dessa kallas isotoper och deras existens förklarar varför atomvikt är en otillförlitlig indikator på läget för ett element i det periodiska systemet .

Elementen är ordnade i den ordning de atomnummer i rader som kallas perioder . Flytta från vänster till höger över en period , det finns övergång av element som är metaller till de som är icke-metaller . De vertikala kolumnerna i periodiska systemet kallas grupperna. Alla element inom en grupp som har liknande kemiska egenskaper och är ibland till som familjer av element.

VARFÖR element inom grupp har liknande kemiska BETEENDE

Atomnumret bestämmer hur många negativt laddade elektroner som finns i de atomer av ett visst element och det är strukturen på de elektroner som kretsar runt kärnan som bestämmer hur elementen reagerar med varandra . Denna fördelning av elektroner i valens eller yttre skalet av atomen utsätts för andra atomer när de reagerar. Element vars valens skal är helt fulla är extremt stabila och verkar reagera med nästan ingenting annat . De med ofullständiga skal tenderar att reagera med andra atomer på ett sätt som kommer att slutföra dessa skal . Atomer med liknande valens - shell -konfiguration har liknande kemiska egenskaper . Element i samma grupp i det periodiska systemet har samma antal valenselektroner .

Den periodiska systemet sedan är en karta över det sätt på vilket elektronerna ordna sig i atomer av ett visst element . Förmågan att förutsäga kemiska beteendet hos ett element som bygger på den rad och kolumn där det visar sig gör det periodiska systemet ett ovärderligt redskap för utövare av vetenskap.

VÄTE
Atomnummer : 1
Kemisk Symbol : H
Grupp : 1A

Väte består av inget annat än en enda proton , som fungerar som dess kärna , inringat av en enda elektron . Dess enkelhet bidrar till att förklara varför det är den i särklass vanligaste grundämnet , som utgör 93 % av alla atomer i universum . Väte är en gas som inte har någon lukt eller smak , är fullständigt färglös och extremt flammable.The kombination av väte med syre producerar sin vanligaste föreningen, water.Hydrogen också i organiska föreningar , biologiska föreningar som är närvarande i levande organismer , i parfymer , färgämnen, bekämpningsmedel, DNA och proteiner ! Listan kan göras lång !

HELIUM
Atomnummer : 2
Kemisk Symbol : Han
Grupp VIII- A- Ädelgaser

Liksom alla ädelgaser , är helium färglös och odourless.Together väte och helium bildar en häpnadsväckande 99,9 % av elementen i universum . Dess namn kommer från det grekiska " helios " som betyder " sol " . Helium från solen framställs genom fusion av väte. Denna reaktion tillhandahåller den energi som solen strålar i rymden. Helium har en låg densitet och är därför användbar i luftskepp och leksaksballongerför sin flytkraft i air.Astrnomers använder extremt kall vätska från helium för att avlägsna värme " brus " som gör det enklare och säkrare att ta emot data från avlägsna galaxer .

LITIUM

Atomnummer : 3
Kemisk Symbol : Li
Grupp IA - alkalimetallerna

Metall litium är extremt reaktiv och kombinerar med aluminium för att bilda låg densitet , strukturellt stark legering som används i flygplan och rymdskepp . Det används också som en positiv terminal eller anod i små batterier som används i kameror, pacemakers och räknare. Litiumhydroxid är en mycket effektiv luft - luftrenare . Den absorberar CO_2 från luften för att bilda litiumkarbonat . Litium har den högsta värmekapaciteten av alla element . Denna egenskap gör den idealisk värmeöverföring material och den används i experimentella kärnreaktorer för att absorbera den värme som produceras av klyvningen av uran .
Inom medicinen litiumkarbonat och litium citrat är kända som mycket effektiva stabilisatorer humör i manodepressiv sjukdom .

BERYLLIUM
Atomnummer : 4
Kemisk Symbol : Vara
Grupp IIA - jordalkalimetaller

I sin rena form är Beryllium en ljus , ganska hårt , grå - vit metall . Liksom alla metaller som utgör den alkaliska jordarts grupp, är det alldeles för kemiskt reaktiva att finna i dess fria tillstånd. Insättningar av mineralet beryllium fördelas över Brasilien , Argentina och USA . Kristaller av beryllium är kända för sin utsökta utseende . Både smaragd och akvamarin är naturligt förekommande värdefulla former av detta mineral . Beryllium spelade en nyckelroll i upptäckten av neutronen 1932 och är fortfarande användbar i undersökningar om atomkärnor .

BOR
Atomnummer : 5
Kemisk symbol : B
Grupp III A

Bor är ett hårt, sprött, icke- metalliskt element . Det är oftast bunden med syre , vatten och natrium i en förening som kallas borax som används som rengöringsmedel och avhärdare . När vatten mjuknat , är magnesium och kalcium ersattes med relativt ofarliga natrium och kalium. En annan bor- förening är borsyra aced används industriellt för att göra Pyrex , ett speciellt värmetåligt glas som används i kök . Boron " stavar " är avgörande för utnyttjandet av kärnreaktorer . De kan sänkas in i en reaktor för att absorbera neutroner och därmed styra den effekt som produceras av reaktorn.

KOL
Atomnummer : 6

Kemiskt tecken : C
Grupp IV A

Kol står för endast 0,09 % av jordskorpan i massa , men det är det som är mest avgörande för livet på vår planet . Kol har fått sitt centrala läge i den organiska världen till kapaciteten av dess atomer att knyta kontakter med andra kolatomer för att bilda långa kedjor som antingen är raka eller grenade . En sådan lång kedjade molekyl i DNA som finns i det genetiska materialet i alla levande varelser. Element kan existera i flera naturliga former som kallas Allotropes . Kol förekommer i de allotropa former av grafit , kol och mest spektakulärt diamant.

KVÄVE
Atomnummer : 7
Kemiskt tecken : N
Grupp V A

Kväve saknar någon mening stimulans egendom och vi är ständigt andas in stora mängder som vi andas in luft . Den dominerar gaserna i jordens atmosfär som utgör cirka 78 % av volymen. Kväve bildar hundratusentals föreningar som är avgörande för jordbruket och industrin den viktigaste av dessa är ammoniak . I gasform används kväve används ofta i situationer där det är viktigt att hålla andra, mer reaktiva atmosfäriska gaser bort. Till exempel , för att förhindra oxidation av vinet , vinflaskor är ofta fyllda med kväve efter korken tas bort.

SYRE
Atomnummer : 8
Kemiskt tecken : O
Grupp VI A

Syre förekommer i atmosfären i vatten, och i jordskorpan i en enorm variation av bergarter och mineraler. Det är viktigt för livet och en del av varje biologisk molekyl i våra kroppar . Även om många naturliga processer förbrukar syre , är det ständigt fyllas genom fotosyntesen i växterna alltså kontinuerligt förbrukas och ständigt produceras . Den engelska kemisten Joseph Priestley krediteras med upptäckten av syre . Han värms en oxid av kvicksilver och konstaterade att gasen gav bort orsakade ljuset att brinna med en anmärkningsvärt lysande låga. Gasen var syre !

FLUOR
Atomnummer : 9
Kemiskt tecken : F

Grupp VII A - halogenerna
Fluor är den minsta , lättaste och mest reaktiva halogen . Alla atomer i denna grupp med lätthet kombineras med metaller för att bilda salter. I många delar av världen

natriumfluorid läggs till offentlig vattenförsörjning . Forskning har visat att små mängder av fluor kan fördröja utvecklingen av håligheter i tänder. I närvaro av väte , bränner fluor med explosiv kraft som åstadkommer vätefluorid , som när den löses i vatten bildar fluorvätesyra . Det är extremt farligt . Emellertid är det som används för att lösa upp glas och används för att etsa designen på glasföremål .

NEON
Atomnummer : 10
Kemiskt tecken : Ne
Grupp VIII A- ädelgaserna

Neon som alla ädelgaser är enatomig . De välkända neonskyltar i skyltfönster och restaurangfönsterinnehåller neon gas som lyser när den aktiveras av en elektrisk urladdning . När detta händer , neon atomer i gasen avger strålning i form av orange-rött ljus . Olika gaser används för att producera tecken på olika colurs . Varje gas när upphetsad utstrålar sin egen karakteristiska färg . Kommersiell neon framställs i luft - vätskeformiga produkter . Eftersom neon har en kokpunkt av -229 grader Celsius , återstår det som en återstod efter det flyktigare kväve och syre har kokt off!

NATRIUM
Atomnummer : 11
Kemiskt tecken : Na
Grupp IA- alkalimetallerna

Natrium är en extremt reaktiv ljus silvrig metall tillräckligt lätt för att flyta på vatten och mjuk nog att skäras med kniv . Det är en del av många viktiga föreningar som återfinns utspridda över hela jorden. Natriumklorid , det kemiska namnet för bordssalt bryts i stora mängder från naturliga saltavlagringar . Natriumbikarbonat allmänt känd som bakpulver används för att göra bakverk stiger vid uppvärmning eller pajdeg stiga när bakat . Det används också för att neutralisera överdriven magsyra och som ett medel i brandsläckare .

MAGNESIUM
Atomnummer: 12
Kemiskt tecken : Mg
Grupp II A- jordalkalimetaller

Magnesium finns i så stora mängder i havsvatten som världshaven innehåller ett nästan obegränsat utbud av det upplösta materialet . Dess stora fördel är att det är mycket lätt vilket också gör den idealisk för tillverkning av bil-och flygplansdelar , maskiner , gräsklippare höljen och racercyklar. Magnesium är också viktigt för att rätt kost i människan, eftersom det är viktigt för en väl fungerande av flera enzymer . Den spelar också en avgörande roll i utformningen av de gröna klorofyll som finns i alla gröna växtceller.

ALUMINIUM
Atomnummer : 13
Kemiskt tecken : Al
Grupp III A

Vanligtvis finns i naturen i kombination med syre, är aluminium den vanligaste metallen i jordskorpan . Den är lätt och god ledare av elektricitet, två egenskaper som gör den till en idealisk ingrediens för ett brett spektrum av produkter. Det är en utmärkt reflektor av strålning och används för olika typer av antenner, värme reflektorer och sol speglar. Utöver dessa andra egenskaper , är aluminium ganska reaktiv . Den bildar ett oxidskikt som hindrar den från att ytterligare reaktioner med miljön så att den brukar anses korrosionsbeständiga . Aluminium är också icke-toxisk, luktlös och smaklös.

KISEL
Atomnummer : 14
Kemisk Symbol : Si
Grupp IV A

Föreningar av kisel binds kemiskt till syre utgör merparten av jordens sand , sten och jord . Idag kisel utgör grunden för mikroelektronikindustrin . Användningen av kiselchipsi tryckta kretsar har gjort det möjligt att krympande rummet storlek datorer till de som kan vila i ditt knä . Den viktigaste kiselföreningen är kiseldioxid, som finns i två former - kvarts och flinta . Små pärlor och halvädelstenar är kristaller av kvarts med färgade föroreningar . Kiseldioxid används vid tillverkning av glas . Keramik och silikoner är andra viktiga klasser av föreningar baserade på kisel .

FOSFOR
Atomnummer : 15
Kemiskt tecken : P
grupp VA

Fosfor upptäcktes av läkare Hennig Brand 1669 . Han destillerade återstoden från kokas ner urin och fått något som lyste i mörkret och fattade eld i varm luft . Fosfor och ljusemission är fortfarande kopplad i fenomenet kallas fosforescens . Zinksulfid är det fosforescerande material som avger scintillationer av ljus när de träffas av snabbrörliga elektroner . Denna effekt på beläggningen av TV röret producerar TV-bilden. Nästan alla fosfor som används kommersiellt är att fosforsyra . Dess största användning i produktionen av gödsel - mark utan fosfor är karg . Vanligen finns i två former , dvs röda och gula , är det förstnämnda används för att göra säkerhetständstickor .

SVAVEL
Atomnummer : 16
Kemiskt tecken : S
Grupp VI A

Svavel är en reaktiv icke-metall som finns i naturen , både i sin fria elementär form och i form av spridda malmer och mineraler. Några vanliga mineraler Svavel är gips , dvs kalciumsulfat och pyrit ofta känd som " kattguld " . Förutom deras betydelse i att göra konstgödsel , bevara mat , blekning textilier och rengöring av metall , Svavelföreningar har hundratals andra användningsområden återhämta metaller från malm , vilket gör gummi , rengöringsmedel, färger och färgämnen och syntetiska fibrer . Faktiskt en nations industriella utvecklingsnivå bestäms av dess förbrukning av svavel per capita .

KLOR
Atomnummer : 17
Kemiskt tecken : Cl
Grupp VII A - halogenerna

Klor är en giftig gulgrön diatomär gas . Inandning av även en liten mängd kan orsaka allvarliga lungskador . Toxiciteten av klor gör det till ett utmärkt desinfektionsmedel för simbassänger och vattenförsörjning . En viktig förening av klor är väteklorid , en gas som upplöses i vatten för att producera saltsyra. Saltsyra finns i magsaften i magen där det behövs för att aktivera protein enzymer . Stora mängder av klor har använts för att alstra insekticider. Många har nyligen förbjudits eftersom de betraktas som miljöföroreningar.

ARGON
Atomnummer : 18
Kemiskt tecken : Ar
Grupp VIII A- ädelgaserna

År 1894 blev argon den första ädelgasen som upptäcktes . Dess kommersiella tillämpningar använder sig av sin brist på reaktivitet . Argon är den sönderfallsprodukt av en viktig radioisotopsom används för sex stenprover , är kalium - 40.The teknik som kallas kalium - argon datering . Kalium har en ovanligt lång halveringstid på 1250 miljoner år och är närvarande i många stenar . När kalium 40 sönderfaller , förvandlar den sig in i argon . Följaktligen kan man bestämma åldern på en sten genom att bestämma hur mycket argon är närvarande . De äldsta stenarna på jorden har fastställts med denna metod som 3,8 miljarder år gammal .

KALIUM
Atomnummer : 19

Kemisk Symbol : K
Grupp IA alkalimetallerna

Kalium är extremt reaktivt därmed aldrig funnit i sitt fria tillstånd i naturen . Det finns i havsvatten , men i mindre mängder än natrium , dess kemiska motsvarighet . Kalium är viktiga för växternas tillväxt så mycket av kalium i upplösta mineraler tas upp av växterna innan de når havet. Ett naturligt förekommande isotop av kalium är potssium - 40.Human kropp innehåller 140 gram kalium . Eftersom det överflöd av kalium - 40 är 0,012 procent , är vi alla delvis består av detta reaktiva isotop . Det är en stor bidragsgivare till vår livstid stråldos

KALCIUM
Atomnummer : 20
Kemisk Symbol : Ca
Grupp II A- De alkaliska jordartsmetaller

Kalcium är en viktig ingrediens för ett brett urval av levande organismer. Mänskliga tänder och ben innehåller kalcium och marina organ bygga sina skal av kalciumkarbonat . Kalk, en förening med kalcium är en viktig industriell kemikalie. En av dess tidiga användningar var i teaterbelysning. När kalk upphettas till en hög temperatur, ger den av en intensiv blåvitt ljus . Den användes i början av 19 -talet för att belysa aktörer ger upphov till uttrycket " i rampljuset . " Förmodligen den viktigaste moderna användningen av kalk är i produktionen av järn från dess malmer .

SKANDIUM
Atomnummer : 21
Kemisk Symbol : Sc
Grupp III B Första radens övergångs Element

Scandium leder den första raden övergångselement. Alla är ganska icke-reaktiva metaller och många är extremt farligt . Scandium är en mycket lätt metall med en relativt hög smältpunkt och uppvisar god beständighet mot korrosion. Dessa egenskaper har gjort det av stort intresse för flyg-och rymdindustrinför konstruktion av ett flygplan. Scandium bildar några användbara föreningar . Metallen i sig har funnit viss användning i elektroniska enheter såsom lampor med hög intensitet som producerar ljus med ett färgvärde nära den i naturligt solljus . Lampor av detta slag används ofta för att belysa fotbollsarenor .

TITANIUM
Atomnummer : 22
Kemiskt tecken : Ti
Grupp IV B Första radens övergångs Element

Titan i rent tillstånd är en metall som är lätt att bearbeta och ganska duktilt eller kan dras in i tråd. Trots sin låga vikt, det är ovanligt stark och praktiskt taget immuna mot vanliga typer av utmattning. Den har också en extraordinär motståndskraft mot korrosion så att den har varje fastighet som behövs för att göra det till ett idealiskt material för jetmotorer och raketer. Den viktigaste föreningen är titandioxid ett ämne med intensiv lysande vit färg, som används som ett pigment för färger, papper och plast.

VANADIUM
Atomnummer : 23
Kemiskt tecken : V
Grupp VB Första raden Transition Element

Vanadin är ett ljust glänsande metall som är ganska mjuk och extremt motståndskraftiga mot korrosion. En mexikansk professor i mineralogi nämligen Andres Manuel del Rio upptäckte vanadin 1801. Det var senare uppkallad efter den skandinaviska gudinnan Vanadis på grund av dess många vackert färgade föreningar. Om 80 % av vanadinet produceras i USA går till tillverkning av stål.

KROM
Atoniska nummer: 24
Kemisk Symbol : Cr
Grupp VI B Första radens övergångs Element

Krom fick namnet från det grekiska ordet " chroma " som betyder färg. Den vackra färgen på många ädelstenar - röda rubiner, den karakteristiska gröna smaragder - är på grund av förekomsten av spårmängder av krom. Metallen är vanligtvis extraheras från krom, en oxid av krom som är dess viktigaste malm. När de utsätts för luft, bildar krom en osynlig oxid som gör den extremt resistenta mot korrosion och mycket användbar både som en dekorativ och skyddande beläggning över andra metaller som mässing, brons och stål. Krom används också för att producera rostfritt stål.

MANGAN
Atomnummer : 25
Kemiskt tecken : Mn
Grupp VII B Första raden Transition Element

Mangan är en hård grå - vit metall som ser ut som och har många egenskaper som liknar järn. Lägga mangan till stål gör är ovanligt hård och motståndskraftig mot stötar. Sådant stål är idealisk för användning i gevärspipor, bankvalv, järnvägsspår och schaktmaskiner. Mangan lägger även hårdhet, styrka och korrosionsbeständighetlegeringar av aluminium och magnesium. Substansen kaliumpermanganat har en lila färg som ibland ses i antikt glas. Även glastillverkare inte längre använda mangan , är dess förmåga att färga objekt som används för att lysa keramik och keramik .

JÄRN
Atomnummer : 26
Kemiskt tecken : Fe
Grupp VIII- B Första radens övergångs Element

Järn är förmodligen den vanligaste metallen i det mänskliga samhället. Oavsett om vi använder en skruvmejsel eller ridning en bil eller ett tåg , är vikten och nyttan av järn som ett konstruktionsmaterial självklart. Det inre av jorden kallas kärna bestående av smält järn . Det för att förfina metall förmåga fungerat som en viktig milstolpe i människans utveckling som kallas järnåldern (1000 f.Kr.) . Upptäckten leder till verktyg och vapen som var hårdare och tåligare än bronsåldern . Idag mer än 90 % av alla metaller raffinerade är järn .

KOBOLT
Atomnummer : 27
Kemiskt tecken : Co
Grupp VIII- B Första radens övergångs Element

En stor malm kobolt är KOBOLTGLANS . Den rena metallen erhålles genom stekning denna malm. Namnet kobolt kommer från det tyska " kobold " som hänvisar till en ond ande . Gruvarbetare ofta att olyckor i sinnet orsakades av " kobold " . Kobolt sättes till stålet för att förbättra dess motståndskraft mot korrosion. När kobolt blandas med volfram och koppar , bildar det Stellite , en metall som behåller sin hårdhet vid höga temperaturer vilket gör den idealisk för hög hastighet borrar och skärinstrument. Liksom järn kobolt lätt magnetiseras . Den kraftfulla magnetiska substansen känd som alnico är en legering av kobolt, aluminium och nickel.

NICKEL
Atomnummer : 28
Kemiskt tecken : Ni
Grupp VIII- B Första radens övergångs Element

Nickel används ofta som tillägg till andra metaller, såsom järn och stål för att bilda legeringar som är resistenta mot oxidation. Nichrome den metall som används för att göra värmeelementen i brödrostar och elektriska ugnar är en legering av krom och nickel . Den höga elektriska motståndet av kromnickellegering i kombination med dess höga smältpunkt gör det till ett mycket effektivt material för att omvandla el till värme . En viktig användning av metallen är i nickel-kadmiumbatterier . Detta batteri är uppladdningsbart vilket gör det särskilt användbart i miniräknare , datorer och trådlösa elektriska rakapparater .

KOPPAR
Atomnummer : 29
Kemiskt tecken : Cu
Grupp IB Första raden Transition Element

Ett välbekant användning av vatten är i ledningarna som transporterar vattnet ut i köket. Eftersom koppar är ett av de bästa ledare av elektricitet , är koppartrådar allmänt används för att överföra elektrisk energi från kraftstationer till hem, kontor, fabriker och andra byggnader och från vägguttaget till elektriska apparater. Koppar var en gång användes för att göra knappar för enhetliga jackor för poliser därmed den talspråkliga " koppar " för polisen . Mässing , en legering av koppar och zink har en mängd olika användningsområden från hårdvara till zink .

ZINK
Atomnummer : 30
Kemiskt tecken : Zn
Grupp I B Första radens övergångs Element

I rent tillstånd är zink en hård , spröd , silvermetall. Det är relativt korrosionsbeständig och snabbt bildar en hård oxid beläggning som hindrar den från att reagera ytterligare med luften. I den process som kallas galvanisering, är ett skikt av zink belagt över stål för att förhindra korrosion. Metallen har många andra användningsområden. En av de viktigaste är i den gemensamma torrcellbatteri . Sedan 1981 zink har fungerat som chefs metallen i USA öre . Zink är också kombineras med koppar för att bilda mässing.

GALLIUM
Atomnummer : 31
Kemiskt tecken : Ga
Grupp III Efter Transition Metal

Gallium är en extremt mjuk metall med en mycket låg smältpunkt och en extremt hög kokpunkt på 2403 grader Celsius . De olika temperaturer vid vilka gallium är flytande är den största av varje känd metall. Detta gör det användbart för speciella termometrar hög grad . Tills nyligen några praktiska tillämpningar av gallium var kända . Detta ändrades snabbt med upptäckten att galliumarsenid skulle kunna fungera som en laserdiod och omvandla elektricitet direkt till laserljus. Ljusemitterande dioder används i en mängd olika klockor och AUTODISC spelare.

GERMANIUM
Atomnummer : 32
Kemiskt tecken : Ge

Grupp IV A Metalloid

Germanium är en relativt sällsynt mörkgrå fast element. Det har aldrig funnit i ren form i naturen , men i kombination med syre . Germanium kallas en halvledare . Tillsats av små mängder föroreningar kraftigt ökar sin förmåga att leda elektricitet . " Dopad " germanium används för att göra transistorer som är kärnan i det fasta tillståndet elektronikindustrin . Med doping tiotusentals transistorerna nu kan bildas på ett litet germanium chip som i själva verket blir en liten dator . Sådana material har möjliggjort revolutionen i elektronik miniatyrisering .

ARSENIK
Atomnummer : 33
Kemiskt tecken : Som
Grupp VA Metalloid

Arsenik är en skör kristallin fast substans vid rumstemperatur. I form av arsenik oxid det är ett välkänt gift. Det används som ett ogräsmedel och insekticid. Arsenik som gift har fångat fantasin hos många en deckarförfattare . Innan senaste framstegen inom kriminaltekniska metoder , var det omöjligt att upptäcka i offrets kropp . Även om en gift , har arsenikföreningar använts för medicinska ändamål också , den mest kända är '606 ' utarbetats av Paul Ehrlich som ett botemedel mot syfilis .

SELEN
Atomnummer : 34
Kemiskt tecken : Se
Grupp VI A Metalloid

Selen bärande mineraler är alltför knappa för att brytas med lönsamhet . Eftersom metalloiden hittas i sällskap av koppar och svavel , är nästan allt selen återvinns som en bye - produkt för kopparraffineringoch tillverkning av svavelsyra . Selen finns i två former - röd och grå . Gray selen är en foto vilket innebär att även om en dålig ledare av elektricitet vanligtvis blir det och utmärkt ledare i närvaro av ljus. Detta gör selen värdefullt som en ljussensor i robotteknik och ljusmätare .

BROM
Atomnummer : 35
Kemiskt tecken : Br
Grupp VII En halogenerna

Brom är en rödaktig vätska med stickande lukt . Dess namn kommer från de grekiska bromos betyder stank . Brom finns i havsvatten , underjordiska saltgruvor , och djupa saltlake brunnar . En större användning av brom är att producera en bensintillsatssom heter etylendibromid . Denna förening tar bort tillsatser av bly efter förbränningen av bensin förhindrar bildandet av bly avlagringar . Brom är extremt giftigt och brännskador på huden . Dessutom dess skadliga ångor kan skada näsa och hals .

KRYPTON
Atomnummer : 36
Kemiskt tecken : Kr
Grupp VIII A ädelgaserna

År 1933 utmanade Linus Pauling tanken att de ädelgaser var kemiskt inert . Förekomsten av föreningen som han förutspådde av krypton och fluor bekräftades 1966 . Krypton är en luktfri , smaklös , färglös helt ofarlig gas . Dess chef användning är i " neon " lampor som är en del av det moderna landskapet . När förseglat i ett glasrör och utsätts för elektrisk urladdning , krypton ger en blek violett färg som används för flygplatsens landningsbana och inflygningsljus . Krypton används också blandas med xenon i hög intensitet , kort exponering fotografiska blixtkuber eller strobe ljus .

RUBIDIUM
Atomnummer : 37
Kemiskt tecken : Rb
Grupp IA alkalimetallerna

Rubidium är en silvrig , mycket mjuk mycket reaktiv metall som brinner spontant vid kontakt med luft . Den reagerar också kraftigt med vatten ger ut stora mängder vätgas som genast fattar eld på grund av värmen som genereras av reaktionen . Rubidium är alltför reaktiv att existera som ren metall i naturen och få rubidium bärande mineraler är kända . Rubidium har föga kommersiellt värde . Metallen upptäcktes 1861 av tyska kemister Robert Bunsen och Gustav Kirchoffs . De identifierade den med spektrallinjer som förorening bland många alkalimetaller de undersökte .

STRONTIUM
Atomnummer : 38
Kemiskt tecken : Sr
Grupp IIA jordalkalimetaller

Strontium har liten kommersiell användning och dess föreningar har funnit endast begränsad tillämpning inom industrin . Eftersom strontiumsalter såsom strontium karbonat avger en karakteristisk röd färg när de brinner , de används i motorväg varnings facklor och fyrverkerier . En av isotoper av strontium , Sr - 90 är en radioaktiv produkt av kärnvapenexplosioner och kan förorena stora delar av miljön genom nedfall från atmosfären . Eftersom strontium 90 bildas när uran genomgår fission , måste operatörer av kärnreaktorer att vara ständigt på vakt för att förhindra oavsiktliga utsläpp i miljön .

yttrium
Atomnummer : 39
Kemiskt tecken : Y
Grupp III B Transition Element

Yttrium finns i små mängder i jordskorpan , men stenarna fört tillbaka från månen hade en oväntat hög yttrium innehåll. När deras temperaturen sänks till endast ett par grader över absoluta nollpunkten , nästan alla metaller visar ingen elektrisk resistans som helst . Extremt låga temperaturer är emellertid opraktiskt. I 1987 meddelade forskare upptäckten av en förening med yttrium , koppar och bariumoxid som supraledande vid 93 grader Kelvin . Andra blandningar av detta element undersöks och det finns optimism om att en av dem skulle visa sig vara en praktisk högtemperatursupraledare .

ZIRCONIUM
Atomnummer : 40
Kemiskt tecken : Zr
Grupp IV B- övergångselement

Zirkonium är en stark , tålig metall . Dess förmåga att motstå höga temperaturer gör det till en idealisk ingrediens för värmebeständiga material i rymdfarkosten . Den mest kända föreningen zirkonium är metall zirkon . Det har varit känt sedan urminnes tider och även nämns i bibeln . Finns i en mängd olika färger , då kristallen skärs och poleras det betraktas som en halvfullpärla . Zirkon har ett extremt högt brytningsindex . På grund av detta , dess färglösa kristaller har en ovanlig briljans och ibland används som substitut för diamanter .

NIOBIUM
Atomnummer : 41
Kemiskt tecken : Nb
Grupp VB övergångselement

Metall niob har varit viktig i historien om supraledning vid hög temperatur . En legering bestående av niob och germanium har förmågan att motstå stora strömmar som möjliggör konstruktion av supraledande magneter för instrument, som kärnmagnetisk resonans skannrar som används i diagnostik . Niob tillsätts till stål för speciella ändamål. Vid höga temperaturer gränserna mellan de små kornen som utgör rostfritt stål försvagas och korrodera lättare än resten av stålet . Tillägget av niob förhindrar att detta händer vilket gör stål för att tåla mycket högre temperaturer under extrem stress .

MOLYBDEN
Atomnummer : 42
Kemiskt tecken : Mb

Grupp VI B- övergångselement

Molybden är ett hårt silvermetall . Ganska stora fyndigheter av molybdenglans finns i
Colorado , USA . Stål som innehåller molybden är väl lämpad för flygplan och bil
motordelar . Det kan stå emot temperatur-och tryckförändringarständigt äger rum i en
motor . Av samma anledning är det som används vid tillverkning av vapen och kanoner .
En av de radioaktiva isotoperna , är molybden - 99 används på sjukhus för att generera
teknetium - 99 som är mycket användbart för att ta bilder av inre organ efter att tas
internt .

Teknetium
Atomnummer: 43
Kemiskt tecken: Tc
Grupp VII B Transition Element

Teknetium var det första elementet som ska produceras i laboratorium från en annan
element.Logically det tar sitt namn från det grekiska teknetos betyder artificiell. Varje
isotop är radioaktiv och sönderfaller för att bilda en isotop av ett annat element. Idag
kärnreaktorer producera en av de mest användbara isotoper av teknetium, teknetium-
99m. När det injiceras i venerna i en patient, kommer isotopen koncentrera sig på vissa
kroppsorgan och dess radioaktivitet kommer att utsätta en fotografisk plåt avslöjar hur
dessa organ fungerar.

RUTENIUM
Atomnummer: 44
Kemiskt tecken: Ru
Grupp VIII B övergångselement

Rutenium är ett sällsynt inslag som brukar återvinns som en biprodukt av raffinering av
platinamalm. Huvudsakligen rutenium används som en katalysator för industriella
processer. Den har använts som en katalysator att få vätgas direkt dela vattenmolekyler
snarare än av electrolysis.Rutheniumis används också i smycken verksamheten som en
härdande tillsats till platina och är ofta läggs till titan för att förbättra dess motståndskraft
mot korrosion. Andra legeringar av rutenium används i reservoarpenna punkter och
speciella elektriska kontakter.

RODIUM
Atomnummer: 45
Kemiskt tecken: Rh
Grupp VIII B övergångselement

Rhodium är en sällsynt, mycket hårt silvergrå metall. Den upptäcktes av William Wollaston 1803. Han döpte den efter det grekiska ordet Rhodon för ros eftersom många av de salter har rosa färg. Det används i de katalysatorer av bilar. Avgaserna är en stor källa till luftföroreningar. Den katalytiska omvandlaren är fylld med små katalytiska pärlor innehållande platina, palladium och rodium som omvandlar heta avgaser som passerar genom dem till ofarliga produkter.

PALLADIUM
Atomnummer: 46
Kemiskt tecken: Pd
Grupp VIII B övergångselement

Palladium är en mjuk silvervit metall som liknar platina. Det är extremt formbart och formbart. En intressant användning av palladium uppstod när det var serendipitously fastställt att det var användbart vid behandling av cancer genom att hämma celldelning och var relativt fria från biverkningar. Med en halveringstid på bara 17 dagar, kan det palladium103 isotopen leverera kraftfulla doser av strålning för att förstöra cancer och sedan försvinner efter lite mer än en månad.

SILVER
Atomnummer: 47
Kemiskt tecken: Ag
Grupp IB-övergångselement (prägling metall)

Silver är en av de få metaller som finns i fri form i naturen och dess symbol Ag kommer från latinets Argentum som betyder silver. Det har varit en myntmetall sedan biblisk tid kanske till och med tidigare. Av alla metaller, är silver den bästa ledare av värme och el. Det är inte normalt används i hemmet ledningar på grund av kostnader, men används flitigt vid tillverkning av högkvalitativ elektronisk utrustning.

KADMIUM
Atomnummer: 48
Kemiskt tecken: Cd
Grupp II B Transition Element

Kadmium finns i så stora mängder av zinkmalm som det allmänt anses vara en biprodukt av zinkraffinering. Den stora användningen av metallen är i galvanisering av stål för att förhindra det från korrosion. Det används mer sällan än zink, eftersom det är mindre riklig och har en benägenhet att orsaka hälsoproblem. Förmågan hos kadmium för att absorbera neutroner är av stor betydelse vid utformning av kärnreaktorstyrstavar. Kadmium används också som ett rött och gult pigment för att göra färgen.

INDIUM
Atomnummer: 49
Kemiskt tecken: I
Grupp III Efterövergångsmetall

Indium är en sällsynt blåaktig vit metall mjuk nog att lämna spår efter sig när kraftigt gnids mot andra metaller. Ren indium har några kommersiella tillämpningar, och det är främst som en legering med andra metaller. Legeringar av indium och silver och indium och bly är bättre ledare än silver eller bly ensam. De har också funnit användningar i tillverkningen av transistorer och fotoceller. Indium folier ofta in i kärnreaktorer för att kontrollera kärnreaktionen. Den hastighet med vilken dessa folier bli radioaktivt fungerar som en värdefull mätning av de reaktioner som sker.

TENN
Atomnummer: 50
Kemiskt tecken: Sn
Grupp IV Efter Transition Metal

Tin var bland de första metaller som används av människan. Brons, en legering av koppar och tenn användes i Egypten mer än 5000 år sedan. Idag är det främst används som legeringsmedel och för att göra plåt som är stålplåt täckt med en tunn beläggning av tenn. Eftersom tenn skyddar stålet från livsmedelssyror, har plåt används för att göra plåtburkar för livsmedel men har nu till stor del ersatts av plast och aluminium. Det är en av de mest formbara metaller är kända.

ANTIMON
Atomnummer: 51
Kemiskt tecken: Sb
Grupp VA Metalloid

Antimon är en hård, spröd, kristallint, gråaktig, fast substans. Även känd som en metall, är det en mycket dålig ledare av elektricitet. Den malm som fungerar som den primära källan är mineralet stibnite. En svart förening, det användes i gamla tider för att mörkna kvinnors ögonbryn. En viktig användning för antimon är gemensam säkerhets match. Chefen för tändsticka innehåller en blandning av antimontrisulfid och ett oxidationsmedel såsom kaliumklorat. Antimon har få andra kommersiella ändamål. Som en legering den kan öka hårdheten på många metaller.

TELLUR
Atomnummer: 52
Kemiskt tecken: Te
Grupp VI A Metalloid

Tellur är en sällsynt silvervit metalloid. Till skillnad från vanliga metaller, det är skört och en dålig ledare av elektricitet. Tellur är ett av de få element som kombinerar med guld. Föreningarna det formulär kallas guld tellurider och de utgör en mycket viktig del av guldförande malm. Tellur är ofta utvinnas som en biprodukt i förfining av guld och även av koppar. Den främsta användningen av tellur är som en tillsats till sådana metaller som koppar och rostfritt stål för att skapa en legering som är lättare att bearbeta än den ursprungliga metallen.

JOD
Atomnummer: 53
Kemiskt tecken: Jag
Grupp VIIA De Halogener

Jod är en violett svart fast finns i sjögräs, saltlake brunnar och i havet. Även om en gift, är en av de vanligaste användningsområdena som en antiseptisk lösning tinktur av jod. Jodsalter läggs till bordssalt och djurfoder. Detta görs som jod är en viktig beståndsdel av hormonet tyroxin som utsöndras av sköldkörteln, och bidrar till att de körtel fungerar ordentligt. Silverjodid har förmågan att bilda enormt antal kristaller-så många som en miljon miljard från ett gram-som fungerar som kärnor för regndroppe bildas.

XENON
Atomnummer, 54
Kemiskt tecken: Xe
Grupp VIII A ädelgaserna

Xenon finns i atmosfären i endast spårmängder. Liksom de övriga ädelgaser den existerar som en enatomig molekyl som inte har någon färg lukt eller smak. År 1962, Neil Bartlett den engelska kemisten gjort den första ädelgas förening. Han kombinerade xenon och platina uranhexafluorid och mycket till sin förvåning fick en fast, gulorange förening som bestod av molekyler av xenon, platinim och fluor. Hittills xenon och krypton är de enda ädelgaser är kända för att bilda föreningar. Liksom andra ädelgaser är xenon används i elektriska urladdningsrör för att producera ljus.

CESIUM
Atomnummer: 55
Kemiskt tecken: Cs
Grupp IA alkalimetallerna

Ren cesium är den mjukaste metallen känd. Dess extrema reaktivitet har gjort det bra i att ta bort oönskade gaser från vakuumsystem för exempelvis inuti en TV-rör. Isotopen cesium-133 fungerar som världens officiella mått på tid. Den andra mäts i termer av strålning från atomen cesium 133 när den exciteras av en extern energikälla snarare än i termer av jordens rotation runt solen som det brukade vara. Den andra beskrivs som förfluten tid av exakt 9192531770 vibrationer hos strålningen som emitteras av caesuim-133 atom.

BARIUM
Atomnummer: 56
Kemiskt tecken: Ba
Grupp IIA jordalkalimetaller

I form av lösligt salt, är barium ganska toxiska. Å andra sidan i olösliga former det är ofarligt för den mänskliga kroppen. Radiologer använder bariumsulfat för att undersöka en patients tarmkanalen med Xrays.Barium sulfat har också ett antal andra användningsområden baserat på dess låga löslighet i vatten och vit färg. Det används som ett blekmedel på fotografiska plåtar och som fyllmedel i skrivpapper, plast och konstgjorda fibrer. Barium metal har få kommersiella tillämpningar på grund av sin beredskap att reagera med syre och fukt.

LANTAN
Atomnummer: 57
Kemiskt tecken: La
Grupp III B Rare Earth Element (lantanider)

Lantan är den första av den sällsynta jordartsmetallen serien. Det är vanligt att hitta många sällsynta element blandas ihop i en enda mineral. Förmodligen den viktigaste användningen av lantanider föreningar är vid tillverkning av elektroder för de högintensiva kol båglampor som används i strålkastare, studiobelysning och filmprojektorer. Lantan och dess isotoper återfinns i de fragment som produceras när uran fissioner. Det var upptäckten av lantan isotoper samt de av barium genom tyske kemisten Otto Hahn som så småningom leder till idén om kärnklyvning.

CERIUM
Atomnummer: 58
Kemiskt tecken: Ce
Grupp III B Rare Earth Elements (lantanider)

Cerium fick sitt namn efter asteroiden Ceres, vars upptäckt år 1801 orsakade stor uppståndelse i den vetenskapliga världen. Den rena metalliska form av cerium var inte beredd förrän 1875. Det är ett järn grå metall som är ganska formbart och formbart. Ceriumföreningar liksom de för lantan användes kommersiellt för att bilda elektroderna hos de högintensiva kol båglampor. Som en oxid cerium används som en tillsats till väggarna av självrengörande ugnar där det verkar för att förhindra uppbyggnad av köksrester.

PRASEODYM
Atomnummer: 59
Kemiskt tecken: Pr
Grupp III B Rare Earth Elements (lantanider)

Den upptäcktes av Carl Auer von Welsbach, en österrikisk baron som hade ett intresse för mineralogi. Den rena metallen är isolerad från sina malmer genom jonbyte. Ett utbyte process används för att isolera en typ av jon genom att ersätta den med en annan. I en sådan process den aktiva beståndsdelen är ett harts som består av stora molekyler som har en nätliknande struktur. Hartset innehåller rörliga joner löst anslutna till nätet. När en lösning som innehåller andra joner att passera genom hartset, ersätter de rörliga joner som sedan diffundera ut ur nätet.

Neodymium
Atomnummer: 60
Kemiskt tecken: Nd
Grupp III A Rare Earth Elements (lantanider)

Det är en magnetisk substans som används för att skapa några av de mest kraftfulla magneter i världen. De supermagnets kallas NIB magneter eftersom de innehåller järn och bor såsom well.They är så starka att två små magneter med tryck till endera sidan av en hand utan att falla. En Nd magnet med endast halv tums diameter är stark nog för att svara på magnetiska material i tryckfärgen som används i papperspengar och kan användas för att upptäcka förfalskningar. Den används också i ökade färgade glasögon!

Promethium
Atomnummer: 61
Kemiskt tecken: Pm
Grupp III B Rare Earth Elements (lantanider)

Inga spår av prometium har hittats i jordskorpan, men det har identifierats i det spektrum av flera stjärnor i Andromedagalaxen. Det är en syntetisk sällsynt inslag görs i de nukleära acceleratorer och kärnreaktorer. När neodym utsattes för intensiv neutronstrålning närvarande i en reaktor, omvandlas det till promethium. 28 isotoper av elementet har hittills syntetiserats allt vara radioaktiv. Mycket lite är känt om de kemiska och fysikaliska egenskaperna hos ren promethium.

SAMARIUM
Atomnummer: 62
Kemiskt tecken; Sm
Grupp III B Rare Earth Element (lantanider)

De viktigaste malmerna av samarium är bastnasite och monazite. Monazite malmer ofta innehåller så mycket som 50% av sin vikt i sällsynta jordartsmetaller finns i flodsand i Indien och Brasilien och i Florida beach sand.In sin rena form samarium har en silvervit lyster och är ganska motståndskraftig mot oxidation. Metallen kommer dock att antändas spontant vid låga temperaturer. Några föreningar med detta element används för att tillverka permanentmagneter. Samarium oxid är en utmärkt absorbator av infraröd strålning och tillsättes för detta ändamål till olika typer av glas-och infrarödkänslig fosfor.

EUROPIUM
Atomnummer: 63
Kemiskt tecken; Eu
Grupp III B Rare Earth Element (lantanider)

Europium är en av de mest sällsynta av de sällsynta jordartsmetaller. 1901 Fransk kemist isolerade Eugene-Anatole Demarcay äntligen en förorening i en samarium-gadolinium prov han studerade och identifierade orenhet som ett nytt element. Ren europium är ganska mjuk och silvervit. Det är mycket formbart och en av de mest reaktiva av de sällsynta jordartsmetaller. Europiumoxid är ganska stor utsträckning används som tillsats för att förbättra effektiviteten i röd fosfor i TV-och datorskärmar. Det används också för att öka energieffektiviteten hos lysrör.

GADOLINIUM
Atomnummer: 64
Kemiskt tecken: Gd
Grupp IIIA Rare Earth Element (lantanider)

Två isotoper av gadolinium är bland de mest potenta absorbera neutroner. Trots sina knappa gränser använder, de används för att göra styrstavar för kärnreaktorer. Det är ferromagnetiskt börden att det är väldigt starkt attraherad av magneter. Men dess Curie-punkten, är den temperatur vid vilken magnetiskt material förlorar sin magnetism ungefär rumstemperatur. Det har visat sig vara av värde i en teknik sondera det inre av metaller kallas neutronradiografi. Det används i flyg-och fartygsbyggindustrin för att söka efter dolda brister och strukturella svagheter i skrov och flygplanskroppar.

Terbium
Atomnummer: 65
Kemiskt tecken: Tb
Grupp III B Rare Earth Element (lantanider)

I en ren metallisk form är terbium en silvervit, formbara, formbart och mjukt nog att skäras med en kniv. Det bär en likhet med bly, men det är mycket tyngre. Som bly är ganska resistent mot korrosion. Föreningar av terbium har grundar användningar i speciella lasrar och som fosfor som ger den gröna färgen i TV-rör och datorskärmar.

Andra tillämpningar inkluderar produktionen av legeringar med speciella magnetiska egenskaper för användning i CD-skivor och i tillverkning av högupplösta röntgenskärmar.

Dysprosium
Atomnummer: 66
Kemiskt tecken: Dy
Grupp III B Rare Earth Element (lantanider)

Dysprosium rankas nionde i överflöd bland de sällsynta jordartsmetaller i jordskorpan. Den upptäcktes 1886 av franska kemisten Paul-Emile Lecoq de Boisbaudran i ett prov av erbiumoxid. Han baserade sitt namn på det grekiska ordet dysprositos som betyder svårt att komma på. Ren dysprosium var inte tillgängliga förrän 1950 när moderna kemiska metoder såsom jonbyte separation utvecklades. Dysprosium liknar de flesta andra sällsynta jordartsmetaller. Den är mjuk nog att skäras med en kniv, har en glänsande silverfärg och är relativt stabil i luft.

HOLMIUM
Atomnummer: 67
Kemiskt tecken: Ho
Grupp III B Rare Earth Element (lantanider)

År 1878, två schweiziska forskare märkte holmium karaktäristiska spektrallinjer men kunde inte identifiera dem. De kallade den okända källan till spektrallinjer elementet X. Snart därefter 1879 svenska kemisten Per Teodor Cleve isolerade och identifierade elementet när du arbetar med en mineral som kallas erbia. Ren metall holmium som inte var tillgänglig förrän helt nyligen har en ljus silvrig färg. Det är tämligen korrosionsbeständig i torr luft men angrips snabbt i fuktig luft och bildar en gulaktig oxid. Förutom dess användning som en färg för glas, den har några kommersiella tillämpningar.

Erbium
Atomnummer: 68
Kemiskt tecken: Er
Grupp III B sällsynt jordartsmetall

Erbium upptäcktes av Carl Gustaf Mosander i en gul oxid som han isolerad från mineral yttriumoxid. Mosander uppkallad elementet för den svenska byn Ytterby platsen för stora koncentrationer av yttrium och erbium. De viktigaste källorna till erbium är de mineraler xenotim och euxerite. Erbium och andra sällsynta jordartsmetaller är faktiskt en förorening i dessa malmer. De kommersiella tillämpningar av erbium är ganska begränsade. Dess oxider tillsätts ofta till glas-och emalj glasyrer att färga dem rosa. Glaset används ofta för solglasögon och billiga smycken.

Tulium
Atomnummer: 69
Kemiskt tecken: Tm
Grupp IIIB Rare Earth Element (lantanider)

Tulium är en sällsynt jordartsmetall som är extremt sällsynt. Den förekommer i mycket
små mängder i sällskap med andra sällsynta jordartsmetaller. Den svenska kemisten
Per Teodor Cleve upptäckte elementet 1879 och döpte den till Thule, det gamla namnet
för Skandinavien. Den främsta källan för tulium är mineralet monazite som består av
cirka sju tusendelar av 1% tulium. Den har några kommersiella tillämpningar förutom att
användas i laser. Det är dyrt men mycket lite av metallen är tillgänglig för experiment.

YTTERBIUM
Atomnummer: 70
Kemiskt tecken: Yb
Grupp III B Rare Earth Element (lantanider)

Ytterbium, är det första sällsynt inslag som upptäcktes finns i måttlig mängd i
jordskorpan och alltid i sällskap av sällsynta jordartsmetaller. Den upptäcktes av den
franske kemisten Jean de Marignac 1878 som en del av mineralet kallas erbia och
uppkallad efter den svenska byn Ytterby på grundval av dess höga koncentrationer av
erbium. Ren ytterbium metall var inte tillgängliga för studier fram till 1953. Dess
kommersiella tillämpningar är som legeringsmedel med rostfritt stål. Vissa legeringar
har också använts inom tandvården.

Lutetium
Atomnummer: 71
Kemiskt tecken: Lu
Grupp III B Rare Earth Element (lantanider)

Även om han aldrig formellt publicerade sina resultat, är amerikanska kemisten Charles
James nu anses ha upptäckt lutetium 1907. Att arbeta under tidigt 1900-tal vid
University of New Hampshire, blev Jakob en viktig kraft i produktionen av sällsynta
jordartsmetaller. Han och hans elever skulle bearbeta ton malm och arbete genom
kristalliseringar för att producera ett enda prov. Ren lutetium metall är svår och dyr att
framställa. Det är det hårdaste och den tyngsta sällsynt jordartselement. Inga
kommersiella tillämpningar har utvecklats.

Hafnium
Atomnummer: 72
Kemiskt tecken: Hf

Grupp IV B-övergångselement

Hafnium egenskaper samt dess historia är nära knuten till zirkonium. Många hade förutspått att det finns elementet 72, men de överallt på dess kemiska tvilling störde dess identifiering. Den huvudsakliga användningen av hafnium är baserad på en av sina få skillnader från zirkonium. Dess förmåga att absorbera termiska neutroner gör det till ett användbart material för reaktorstyrstavar. De främsta fördelarna med hafnium jämfört med andra stångsmaterial är dess styrka och motstånd mot korrosion. Tyvärr i en ganska stor reaktor kostnaden för hafnium stavar kan vara $ 1 miljon eller mer.

TANTALUM
Atomnummer: 73
Kemiskt tecken: Ta
Grupp VB övergångselement

Tantal är en extremt hård och mycket heavy metal. Dess kemiska tröghet gör tantal mycket resistenta mot angrepp av ämnen i kroppen. Detta har lett till en rad applikationer inom dental och medicinsk kirurgi. Tantal som legeringsmedel bidrar korrosionsbeständighet, duktilitet, hårdhet och en hög smältpunkt till en mängd olika andra metaller. Ytterligare en annan viktig användning av tantal är vid konstruktion av små men kraftfulla elektrolytkondensatorer. Dessa kondensatorer är speciellt användbara i miniatyriserade elektroniska kretsar som ligger i hjärtat av sådana anordningar som mobiltelefoner och datorer.

VOLFRAM
Atomnummer: 74
Kemiskt tecken: W
Grupp VIB övergångselement

En av de viktigaste användningsområdena för volfram är i tillverkningen av filamentgarn för vanlig glödlampa. Volfram har den högsta smältpunkten -3410 grader C och högsta kokpunkt 5900 grader C - av någon metall. Höga applikationer Temperatur av volfram område från värmeelement i elektriska värmare till munstyckena på raketmotorer för rymdfarkoster. Elektricitet som strömmar genom en lindad tråd av volfram producerar tillräckligt med värme för att göra tråden vita varma. För att förhindra att metallen överhettas inerta gaser såsom kväve och argon är inneslutna i den glödlampa som innehåller en volframglödtråd.

RENIUM
Atomnummer: 75
Kemiskt tecken: Re
Grupp VIIB övergångselement

Rhenium en av de mest sällsynta element upptäcktes i platinamalmer av tyska kemister Ida Tacke, Walter Nodack och Otto Carl Berg 1925. Det är en extremt tät metall med en silvergrå lyster och en smältpunkt överskrids endast av volfram och kol. Detta är grunden för rhenium användning i kombination med tungsten för att göra termoelement för mätning av temperaturer upp till 2000 grader C. Rhenium används främst som legeringsmedel för framställning av metaller som är resistenta mot slitage, såsom de som krävs för elektriska kopplingskontakter och elektroder .

OSMIUM
Atomnummer: 76
Kemiskt tecken: Os
Grupp VIIIB Transition Element

Eftersom den rena metallen är svårt att göra, är osmium ofta tillverkas som ett pulver, som därefter formas till fast massa genom upphettning. Pulvret oxiderar i luft och sakta släpps ut som en starkt luktande giftig gas som kan orsaka lungcancer och hudskador. Utsläppen av dess giftiga oxidgasen gör användningen av osmium metall opraktiskt. Som legeringstillsats men det är ganska säkert och används huvudsakligen för att göra hårda legeringar med sådana metaller som platina och iridium. Dessa legeringar används för elektriska kopplingskontakter, grammofonnålar och reservoarpenna tips.

IRIDIUM
Atomnummer: 77
Kemiskt tecken: Ir
Grupp VIII B övergångselement

Iridium är ett sprött gulvit ädelmetall. Det är i allmänhet malmer innehållande platina eller nickel. Att skilja det från dessa malmer är en mödosam och kostsam uppgift som motiveras enbart genom samtidig återvinning av platina och nickel. Den huvudsakliga tillämpningen av iridium är som en tillsats till platina skapar legeringar som ökar hårdheten hos den senare metallen. Iridium motståndskraft mot korrosion gör den även användbar vid tillverkning av föremål som kräver absolut renhet såsom hypodermiska nålar och raketmotorer.

PLATINA
Atomnummer: 78
Kemiskt tecken: Pt
Grupp VIII B Transition Element (Precious Metal)

Många användningsområden för platina dra nytta av dess kemiska stabilitet och tröghet. Det används vid oljeraffinering, tandvård, keramisk industri, el-och elektronikindustrin, och är mycket uppskattad i skapandet av smycken. Platina är också användbar för bilindustrin. Det hjälper kemiska reaktioner som städa upp avgaser som kommer från motorerna i bilarna, omvandlar kolmonoxid och oförbränt bränsle i vatten och koldioxid. Dessutom en bar av iridium-platinalegering fungerar som världsstandard för kilo, den grundläggande enheten för massa i det metriska systemet.

GULD
Atomnummer: 79
Kemiskt tecken: Au
Grupp IB Transition Element (Precious Metal)

Guld handlas på råvarubörser och svängningarna i priset betraktas som ett index på hälsan i ekonomin. Det är den mest formbart och formbart på alla metaller. Eftersom det är också ett av de mest föga reaktivt, kan det tåla dess glänsande lyster. I naturen guld brukar finnas som en ren metall, ofta som nuggets eller flingor. Dess renhet mäts i karat. Rent guld sägs vara 24-karats guld. Eftersom det är mycket mjuk, dock är de flesta guldsmycken gjorda av 18 karat guld.

KVICKSILVER
Atomnummer: 80
Kemiskt tecken: Hg
Grupp II B Transition Element

Kvicksilver är den enda metall som är flytande vid rumstemperatur och förblir en vätska över ett mycket brett och bekvämt område av temperaturer. Några vanliga hushållsprodukter som innehåller kvicksilver är termometrar, barometrar, termostater, tysta vägg strömbrytare och lysrör. Industriella tillämpningar av kvicksilver inkluderar diffusion pumpar och kvicksilverlampor som genererar de blåaktiga vita ljus från gatubelysning. En annan användbar egenskap av kvicksilver är dess förmåga att lösa andra metaller för att bilda legeringar kallas amalgam. Tandläkare använder ofta silver-kvicksilveramalgam för att fylla tänder.

Tallium
Atomnummer: 81
Kemiskt tecken: Tl
Grupp III A Post-Transition Metal

En vanlig källa till tallium är zink och bly raffinering. Denna formbara och heavy metal är ganska aktiv och långsamt korroderar i luft. Tallium och dess föreningar är mycket giftiga, och det finns bevis för att det kan ge upphov till cancer. Även kontakt med huden kan vara farligt även i extremt låga koncentrationer tallium har använts vid behandling av ringworms. Tallium sulfat är en lukt-och smaklöst gift som förr användes för att döda råttor och insekter, men det har nu förbjudits i flera länder.

BLY
Atomnummer: 82
Kemiskt tecken: Pb
Grupp IV A

Bly är ett mycket smidbar metall som lätt kan omarbetas till redskap av alla slag. Bly mynt och skulptur har hittats i egyptiska gravar som går tillbaka till 5000 f Kr. Det är till stor del används för att göra elektroder av bly batterier. Bly är också en viktig del av lod som används för att göra elektriska anslutningar på kretskort i datorer och TV-apparater. Glas skärmar för TV-apparater innehåller bly för att skydda tittaren från strålning. Faktum är att varje TV-apparat innehåller nästan ett halvt kilo bly.

VISMUT
Atomnummer: 83
Kemiskt tecken: Bi
Grupp VA Postövergångsmetall

Vismut är en vit spröd metall som har en lätt gulaktig nyans. Föreningen vismutsubnitrat har använts som ett antacidum för behandling av magsår. Vismutoxid är en populär gult pigment som används i kosmetika. Liksom vatten vismut är en av de få ämnen som expanderar när det ändras från flytande till fast. Denna egenskap används för att göra legeringar vars volym förblir konstant när de stelnar. Metaller legerade med vismut kan användas för avgjutningar och mögel som behåller sina exakta mått, även när den är fylld med smälta metaller.

POLONIUM
Atomnummer: 84
Kemiskt tecken: Po
Grupp VI A Metalloid

Upptäckten av polonium av Marie och Pierre Curie 1898 definierar en av de stora ögonblicken i vetenskapens historia som leder till den moderna begreppet atomkärnan och en förståelse för dess struktur. Polonium har 27 kända isotoper och alla är radioaktiva. Den mest lättillgängliga är polonium 210, en silvrig metall som är ganska flyktig och 100.000 gånger giftigare än cyanid. I radiologiska laboratorier isotopen blandas med pulveriserad beryllium används ofta för att producera stora mängder neutroner utan användning av kärnreaktorn.

ASTAT
Atomnummer: 85
Kemiskt tecken: At
Grupp VII En halogenerna

Små mängder astatine finns naturligt som sönderfallsprodukter av uran och torium. Astat började tillverkas 1940 av ett team av radiokemister genom att bombardera vismut med alfapartiklar. Endast ca 1 miljondels gram astatine faktiskt har framställts på konstgjord väg, och det är därför inte förvånande att lite är känt om dess egenskaper. Dess kemi bör vara ganska liknande den för jod även om det finns vissa belägg för att det kan vara något mer metallisk.

RADON
Atomnummer: 86
Kemiskt tecken: Rn
Grupp VIII A ädelgaserna

Radon produceras som en av de genom produkter av radioaktivt sönderfall av uran och torium. Radon-222, är den längsta livade isotopen som finns i stora koncentrationer sa gas i jord eftersom spår av uran förekommer i jordskorpan. Även om den växer, är tobak föremål för kontamination av radon från marken och uranrika fosfatgödselmedel som används av odlare. När tobaken i en cigarett förbränns, utsätter den inandade röken rökaren att nivåer av strålning 1000 gånger högre än de som påträffas av en arbetare i ett kärnkraftverk.

FRANCIUM
Atomnummer: 87
Kemiskt tecken: Fr
Grupp I A alkalimetallerna

Francium är den tyngsta av de alkalimetaller och ett av de mest instabila känd. Alla dess isotoper är radioaktiva men även dess längsta livade isotopen francium-223 har en halveringstid på endast 21 minuter. Av de 30 kända isotoper existerar endast francium 223 i naturen. Alla de andra isotoper av francium tillverkas på konstgjord väg i acceleratorer och reaktorer och är för instabil för att kunna studeras på djupet. Elementet upptäcktes 1939 av Marguerite Perey arbetar vid Curie-institutet i Paris. Det namnges för det land där den upptäcktes.

RADIUM
Atomnummer: 88
Kemiskt tecken: Ra
Grupp II A-jordalkalimetaller

Radium upptäcktes av Marie och Pierre Curie 1898. För upptäckten av radium och polonium, fick Marie Curie Nobelpriset i kemi. Det var hennes andra, hon hade delat den första med sin man och Henri Becquerel 1903 för upptäckten av radioaktivitet. Ren radium metall har en lysande vit färg och är så självlysande att det lyser i mörkret avger en svagt blå färg. Radium används i många medicinska faciliteter för att generera den radioaktiva gasen radon som används för cancerterapi.

AKTINIUM
Atomnummer: 89
Kemiskt tecken: Ac
Grupp III B Transition Element (aktinider)

Aktinium är ett radioaktivt grundämne som produceras naturligt av det radioaktiva sönderfallet av det långlivade element radium och torium. Mycket små mängder av det har framställts på konstgjord väg, och det har en mycket begränsad kommersiell tillämpning. Dess kemiska egenskaper liknar de av lantan. Också som lantan, är det den första i en serie av element som kallas aktinider som är analoga med lantanider. Liksom de sällsynta jordartsmetaller, dessa element lägger elektroner till en inre orbital skal och därför har liknande fysikaliska och kemiska egenskaper.

THORIUM
Atomnummer: 90
Kemiskt tecken: Th
Grupp IIIB-övergångselement (aktiniderna)

Torium är en radioaktiv silvervit metall som tarnishes mycket långsamt när de utsätts för luft. Monazite sand varav en del finns i Florida stränder kan innehålla upp till 10% torium. Trots sin radioaktivitet, torium och dess föreningar har flera kommersiella tillämpningar. Den fungerar som en effektiv utsläppare av elektroner för elektroniska apparater. Den lysande ljus som dess oxid avger samtidigt brinnande gör det också användbar vid tillverkning av vissa bärbara gaslampor. Torium 232, en isotop med en halveringstid på 14 miljarder år ger stort hopp om att bli en källa till kärnkraft i framtiden.

PROTAKTINIUM
Atomnummer: 91
Kemiskt tecken: Pa
Grupp III B Transition Element (aktinider)

Det är en av den scarcest och dyraste av alla naturligt förekommande element. Bara några hundra gram finns tillgängliga för studier. Denna magra belopp till stor del produceras i England cirka 30 år sedan var den extraherades från 60 ton malm till en kostnad av en halv miljon dollar. Inte mycket är känt om dess fysikaliska och kemiska egenskaper. Det är en silvervit metall med en ljus lyster som den förlorar mycket långsamt in luft gcnom oxidation. Det är också känt för att vara mycket giftiga.

URAN
Atomnummer: 92
Kemiskt tecken: U

Grupp III B Transition Element (aktinider)

Uran är den sista och den tyngsta av de naturligt förekommande element. Upptäckt år 1841, var det den första radioaktiva element som skall identifieras. I slutet av 1930-talet genom experiment med uran tyska vetenskapsmän Lise Meitner och Otto Hahn observerade en process som senare erkände att vara en kärnklyvning. Förmågan av neutroner frigörs vid fission av urankärnan till själva dela andra urankärnor var snabbt utnyttjas av forskarna för att skapa en självunderhållande kedjereaktion. När kontrollerad, producerar denna reaktion den energi vi får från kärnreaktorer. När okontrollerad det kan skapa en atomexplosion.

NEPTUNIUM
Atomnummer: 93
Kemiskt tecken: Np
Grupp III B Transition Element (aktinider)

Neptunium var den första artificiellt producerade transuranelement. Att arbeta vid cyklotronen vid University of California i Berkeley 1940, amerikanska fysiker Edwin McMillan och Philip Abelson producerade neptunium genom att bombardera uran med neutroner. Det är nu känt att spårmängder av neptunium d faktiskt finns i naturen som ett resultat av de åtgärder som neutroner i uran elementet. För närvarande 18 isotoper av neptunium har producerat dem alla radioactive.The viktigaste och det första som ska produceras var neptunium 237 med en halveringstid på 2,1 miljoner år.

PLUTONIUM
Atomnummer: 94
Kemiskt tecken: Pu
Grupp III B Transition Element (aktinider)

Plutonium har 15 kända isotoper dem alla radioaktiva. Plutonium 239 är den viktigaste eftersom den lätt fissioner när de bombarderas med termiska neutroner. Liksom uran 235, kärnan av dess atomer delas upp i två mellanstora kärnor (sk klyvningsfragment) frigöra stora mängder energi och producerar fler neutroner för att upprätthålla en kedjereaktion. Blandat med pulveriserad beryllium, är det en effektiv källa av neutroner för vetenskapligt arbete. Plutonium kan produceras i stora mängder i kärnreaktorer. Dess överflöd har gjort den till nummer ett val för kärnvapen.

Americium
Atomnummer: 95
Kemiskt tecken: Am
Grupp III B Transition Element (aktinider)

Den upptäcktes 1944 av en grupp kemister under ledning av Glenn Seaborg.His laget producerade americium-241, en av de 14 kända isotoper alla är radioaktiva. Americium 241 tillverkas i stora mängder i kärnreaktorer. De intensiva gammastrålning den avger gör den mycket användbar som en bärbar källa av röntgenstrålning. Den används också i rökdetektorer.

CURIUM
Atomnummer: 96
Kemiskt tecken: Cm
Grupp III B Transition Element (aktinider)

Curium är en silvervit metall som är mycket reaktivt. Den första av de 14 kända isotoper som upptäcktes var curium 242. Curium 242 och curium 244 har använts som energikällor i avlägsna områden. Strålningen dessa isotoper avger kan omvandlas till värme och sedan till el termoelektriska enheter. Även om det har en relativt kort halveringstid, är effekten av curium 242 imponerande dvs ca 2-3 watt per gram. Dessa kompakta enheter är användbara för pacemakers, fjärrnavigerings bojar och rymduppdrag.

Berkelium
Atomnummer, 97
Kemiskt tecken: Bk
Grupp III B Transition Element (aktinider)

Det upptäcktes vid UC Berkeley 1949 av ett team bestående av George Seaborg, Stanley Thompson och Albert Ghiorso och fick sitt namn efter staden. De syntetiserades den med en cyklotron för att bombardera ett prov av americium 241 med alfapartiklar. Använda berkelium 249, var det möjligt i 1962 för att producera 3000000000. Av ett gram av berkelium klorid. Inga kommersiella eller vetenskapliga tillämpningar har ännu inte utvecklats.

Californium
Atomnummer, 98
Kemiskt tecken: Cf
Grupp III B Transition Element (aktinider)

Den upptäcktes av ett team av kemister som använder en cyklotron för att bombardera curium 242 med alfapartiklar. Isotopen californium 252 uppkallad efter delstaten Kalifornien släpper spontant neutroner. Neutronkällor är ibland svårt att komma med. Antingen en kärnreaktor krävs eller några mycket radioaktiva utsläppare av alfapartiklar såsom plutonium måste blandas med beryllium pulver. Upptäckten av en extremt portabel neutronkälla tyder många möjliga tillämpningar för californium 252.It kan lätt tas i fälten för analys av oljebärande lager av jord eller för utvinning av guld och silver.

Einsteinium
Atomnummer: 99
Kemiskt tecken: Es
Grupp III B Transition Element (aktinider)

Albert Ghiorso och hans medarbetare upptäckte detta element 1952 samtidigt undersöka spillrorna av vätebombexplosion i Pacific. 16 isotoper är kända, den mest stabila varelse einsteinium 254 med en halveringstid på 252 dagar. De flesta av dessa isotoper har producerats i High Flux Isotope Reactor vid Oak Ridge National Laboratory i Tennessee genom att bestråla plutonium 239 med intensiva strålar av neutroner.

FERMIUM
Atomnummer: 100
Kemiskt tecken: Fm
Grupp III B Transition Element (aktinider)

Liksom einsteinium, var Fermium identifierades 1952 av Ghiorso och medarbetare i spillrorna av vätebomben explosion i Stilla havet. Isotoper av fermium uppkallad efter Enrico Fermi är oftast syntetiseras genom att utsätta element som uran och plutonium för intensiv neutron bombardemang. I en neutron rik miljö, kan ett element, såsom uran genomgå successiva neutroninfångning ofta absorbera så många som 16 till 17 neutroner för att producera de tunga transuraner.

Mendelevium
Atomnummer: 101
Kemiskt tecken: Md
Grupp III B Transition Element (aktinider)

Den nionde konstgjorda transuran elementet med namnet för Dmitri Mendelejev upptäcktes 1955 av en grupp forskare i Albert Ghiorso. Fortsätter sitt sökande efter allt tyngre element laget använt cyklotronen i Berkeley att bombardera einsteinium 253 med alfapartiklar (heliumkärnor) och så småningom fabricerade mendelevium 256. De små mängder gjorde sitt identifikations mycket svårt. Det sägs ofta att detta element syntetiserades en atom i taget. Endast spårmängder mendelevium isotoper har gjorts och lite är känt om deras kemi.

Nobelium
Atomnummer: 102
Kemiskt tecken: Nej
Grupp III B Transition Element (aktinider)

I skapandet nobelium 254, Ghiorso och hans kollegor bombarderade ett urval av curium 246 med kol 12 joner med hjälp av Heavy Ion Linear Accelerator. 11 isotoper har hittills syntetiserats och alla är radioaktiva. Nobelium 259 är den längsta levde med en halveringstid på 57 minuter. Uppkallad efter Alfred Nobel, har det producerats i mängder som är tillräckligt stora för att möjliggöra studier av kemiska och fysikaliska egenskaper.

Lawrencium
Atomnummer: 103
Kemiskt tecken: Lr
Grupp III B (aktinider)

Fortsätter sin häpnadsväckande rad upptäckter, Berkeley forskarna syntetiserade och isolerade lawrencium 1961 genom att bombardera en blandning av tre isotoper av californium med bor 10 och bor 11 joner med hjälp av Heavy Ion Linear Accelerator. Målet vägde bara några miljondels gram men laget lyckades tillverka lawrencium 258 med en halveringstid på 4 sekunder. Den var uppkallad efter Ernest O.Lawrence, uppfinnaren av cyklotronen.

Rutherfordium
Atomnummer: 104
Kemiskt tecken: Rf
Grupp IV B-A Transactinide

En historia av konkurrerande krav förvirrade namngivning av elementet 104. Teamet från Berkeley och en grupp från Ryssland hävdade kredit för elementet 104. Den amerikanska påstående vann dagen. Den är uppkallad efter den nyzeeländare Ernest Rutherford!

Dubnium
Atomnummer: 105
Kemiskt tecken: Db
Grupp VB A Transactinide.

Omtvistade påståenden om dess upptäckt har plågat elementet 105. 1970 Ghiorso och hans team vid Berkeley bombarderade californium 249 med tunga kväve 15 joner och identifierats det element som de uppkallad efter Otto Hahn och fått godkännande från American Chemical Society. Men 1997 IUPAC beslutat t ändra namnet till Dubnium. Dess kemiska och fysikaliska egenskaper är okända.

Seaborgium

Atomnummer: 106
Kemiskt tecken: Sg
Grupp VI B A Transactinide

Liksom de andra två omtvistade element, påståendet om upptäckten av elementet 106 tillsammans med rätten att namnge det var ett föremål för tvister. År 1974 förklarade en rysk lag som de hade producerat unnilhexium. Eftersom försöken misslyckades med att bekräfta deras resultat, deras påstående var tveksam. Ungefär samtidigt, forskare vid Berkeley rapporterade upptäckten av unnilhexium 263 efter att bombardera californium 249 med syre 18. År 1993 forskare vid Lawrence Livermore och Berkeley Laboratories upprepade experimentet och bekräftade resultatet. Det namngavs för att hedra Glenn Seaborg.

Bohrium
Atomnummer: 107
Kemiskt tecken: Bh
Grupp VII B A Transactinide

År 1981 var skapandet av unnilseptium tillkännages av fysiker som arbetar i Darmstadt, Tyskland vid GSI. Laget föreslog namnet nielsbohrium efter Neils Bohr. Deras forskning påståenden bekräftades 1992 av IUPAC. Under 1997 ändrade de namnet till bohrium.

Hassium
Atomnummer: 108
Kemiskt tecken: Hs
Grupp VIII-B A Transactinide

1984 ett team som leds av Peter Ambruster och Gottfried Munzenberg tillkännagav upptäckten av unniloctium, element 108. Detta var samma lag som hade syntetiserade bohrium. Namnet de föreslog var hassium efter haasia det latinska namnet för den tyska delstaten Hessen. År 1992 bekräftade IUPAC resultaten och namnet. De kemiska och fysikaliska egenskaper är okända.

Meitnerium
Atomnummer: 109
Kemiskt tecken: Mt
Grupp VIII-B A Transactinide

År 1982 meddelade Darmstadt laget upptäckten av elementet 109 genom att bombardera vismut 209 med hög energi järn 58 joner. Hur otroligt det än verkar bara 3 atomer skapades och de skämda inom loppet av 3,4 tusendels sekund. De föreslog att namnge den efter Lise Meitner, som hade fist beskrivna kärnklyvning tillsammans med Otto Hahn.

UNUNNILIUM
Atomnummer: 110
Kemiskt tecken; Uun
Grupp VIII-B A Transactinide

Efter nästan 10 års internationella forskare som arbetar vid GSI i Tyskland skapat fyra eller fem atomer av ett nytt element 110. Med hjälp av en stor accelerator för att driva nickelatomer till höga hastigheter som de bombarderade en tunn folie av bly med dessa snabbrörliga atomer av nickel. Det nya elementet bryts snabbt sönder och sönderfaller till lättare atomer. Den upptäcktes av de 4 alfapartiklar som den avger under sin sönderfallsprocess.

UNUNUNIUM
Atomnummer: 111
Kemiskt tecken: Uuu
Grupp IB A Transactinide

De kemiska egenskaperna hos elementet 111 är inte kända. När den ligger i samma kolumn som guld och silver är det förmodligen en metall. Efter accelererande nickelatomer till höga hastigheter Tyska forskare bombarderade vismut med dessa snabbrörliga nickelatomer. Identifieringen av detta element är betydande eftersom det stöder teorin att det finns en "ö av stabilitet" för element nära elementet 114. Elementet har en halveringstid ungefär 8 gånger högre än för ununnilium.

UNUNBIIUM
Atomnummer: 112
Kemiskt tecken: Uub
Grupp II B A Transactinide

På Februari 9,1996 GSI i Tyskland tillkännagav skapandet av elementet 112 all heder för det internationella laget under Peter Ambruster. De hade bombarderat zinkatomer som hade accelereras till höga hastigheter med snabbrörliga kulor av bly. Under kollisionen en zinkatom lyckats smälta samman med den ledande atomen.

UNUNQUADIUM
Atomnummer: 114
Kemiskt tecken: Uuq
Grupp IB A Transcatinide

Under 1999 en grupp forskare vid Joint Institute for Nuclear Research i Ryssland tillkännagav skapandet av en ny ultra-heavy metal. Laget utnyttjade en cyklotron för att bombardera plutonium 244 med en stråle av kalcium 48 kärnor. Efter cirka 40 dagar av bombardemang, en calicium kärna med 20 protoner smält med plutoniumkärnan med 94 protoner som producerar ett element med 114 protoner. Även instabil den överlevde en relativt lång tid.

Den beslutsamhet att hitta naturens dolda svar har inte avtagit. Strävan återstår för den ständigt fortsatta sökandet efter nya supertunga element. Drivkraften bakom denna satsning är sökandet efter kunskap som kommer att inleda ett rikt nytt ämnesområde av de nukleära och kemiska egenskaper hos elementen.

Det finns också en mer nytto motivation för sökningen av element som utgör ön stabilitet. Många forskare tror till exempel att dessa nya element bildar ovanliga material med exotiska egenskaper aldrig tidigare sett. Svaren söks i detta arbete är av grundläggande betydelse för vår förståelse av universum.